身边的科学真好玩

大树，
永远的依靠

You Wouldn't Want to Live Without
Trees!

第4辑

[英]吉姆·派普　文
[英]马克·柏金　图
潘晨曦　译

时代出版传媒股份有限公司
安徽科学技术出版社

[皖] 版贸登记号：12161627

图书在版编目（CIP）数据

大树，永远的依靠／（英）吉姆·派普文；（英）马克·
柏金图；潘晨曦译.--合肥：安徽科学技术出版社，2017.4
（身边的科学真好玩）
ISBN 978-7-5337-7144-7

Ⅰ.①大… Ⅱ.①吉… ②马… ③潘… Ⅲ.①树
木-儿童读物 Ⅳ.①S718.4-49

中国版本图书馆 CIP 数据核字（2017）第 047279 号

You Wouldn't Want to Live Without Trees！ ©The Salariya Book Company
Limited 2016
The simplified Chinese translation rights arranged through Rightol Media
（本书中文简体版权经由锐拓传媒取得 Email：copyright@rightol.com）

大树，永远的依靠 ［英］吉姆·派普 文 ［英］马克·柏金 图 潘晨曦 译

出 版 人：丁凌云 选题策划：张 雯 责任编辑：付 莉
责任校对：程 苗 责任印制：李伦洲 封面设计：武 迪
出版发行：时代出版传媒股份有限公司 http://www.press-mart.com
安徽科学技术出版社 http://www.ahstp.net
（合肥市政务文化新区翡翠路 1118 号出版传媒广场，邮编：230071）
电话：(0551)63533323
印 制：合肥华云印务有限责任公司 电话：(0551)63418899
（如发现印装质量问题，影响阅读，请与印刷厂商联系调换）

开本：787×1092 1/16 印张：2.5 字数：40 千
版次：2017 年 4 月第 1 版 2017 年 4 月第 1 次印刷

ISBN 978-7-5337-7144-7 定价：15.00 元

树木大事年表

3.9亿年前

最早的树木出现，它们高大，有根、叶和木质枝干。

公元前7000年

在石器时代，狩猎收集者放火焚烧森林，进行开荒耕作。

公元700年

日本人在盆和桶中栽培低矮的树木。

公元前50万年

原始人开始用木头制造长矛，用来捕猎。

公元60年

古希腊医生迪奥斯科里季斯写了一本药典，内容是关于如何使用植物来做药源。这本著作被使用了将近1500年！

1800年

英国夏洛特女王是第一个用圣诞树来装饰温莎城堡的人。树枝上挂满了坚果、葡萄干、水果和玩具。

17世纪30年代

荷兰科学家海尔蒙特发现，树木不是靠"吃"土长大的，树要吸收水分，这样才能生长。

2015年

在意大利的都灵，建筑师在一栋5层的公寓楼里种植了150棵树，用来减少空气污染、隔离噪声、缩减能源开支。

1779年

英国生物学家加恩·伊根霍兹发现了光合作用的秘密：植物能够利用阳光中的能量制造食物。

1905年

美国总统西奥多·罗斯福创建了林务局，用来管理和保护美国的森林。

树可以为我们做什么？

节水: 树荫可以让草坪和田地减缓水分蒸发的速度。

净化空气: 一棵成年树净化空气的能力是一棵小树苗的 70 倍。

降温: 一棵年轻健康的树产生的降温效果相当于 10 个房间大小的空调一天工作 20 小时所产生的。

吸收碳: 4000 平方米树林一年内吸收的碳相当于一辆汽车行驶 41000 千米所排放的碳。

卫生: 人们每天需砍伐 25000 多棵树, 仅仅用来生产卫生纸。

节能: 树能够提供树荫。种植合理的话, 树可以减少 50% 的能源开支。

释放氧气: 4000 平方米树林一天释放的氧气足以供 8 个人呼吸一天。

作者简介

文字作者：

吉姆·派普，曾在英国牛津大学学习古代史和现代史，在成为全职作家之前曾从事出版业 10 年。他已创作出数部非小说类儿童读物，其作品多是历史主题。他与妻儿现居爱尔兰都柏林。

插图画家：

马克·柏金，1961 年出生于英国的黑斯廷斯市，曾在伊斯特本艺术学院读书。柏金自 1983 年后便开始专门从事历史重构以及航空航海方面的研究。柏金夫妇和三个孩子现住在英国的贝克斯希尔。

目　录

导读

树是大自然的奇迹。一粒能放在手心上的小种子可以长成一棵比房子还高大的绿巨人，这个过程非常神奇。树很顽强，可以存活几百年甚至上千年。在炙热的沙漠、寒冷的北极、盐碱地与沼泽地，很多树每天都在跟干旱、洪水、害虫和掠食者做斗争。树为我们提供每天必需的燃料、食物。树为我们提供很多制作日用品（如纸、书、环保袋）的原材料。树释放我们呼吸用的氧气。想象一下，如果没有树，世界会是什么样？我们的地球将变成一个贫瘠、干旱、充满毒气的不毛之地。你绝对不想生活在这样的地球。

树为人类和其他动物提供食物，用它们的根保护土壤，用它们的叶子和树皮净化空气。天气热的时候，人们还可以在树荫下玩耍。

为什么要
抱一抱树?

树和人类一起携手走过漫长的岁月。几千年来，树给人们提供可以饱腹的果实，树提供的木材成了燃料、建筑以及交通运输的原材料。真难以想象如果没有树木，人类的历史会是怎么样？树也是美景，很多人最喜爱的景色就是一片辽阔的草原上稀疏点缀着大树。人类对树的喜爱可能源于两者相似的构成形态：树和人一样都是直立向上的，顶上覆盖着浓密的树叶或毛发，从躯体伸出肢干。

它怎么朝那棵树叫呀，弄错目标啦。

重要提示！

科学家们说有树的操场可以让孩子们更加开心和健康。所以即使不拥抱树，你都可以感觉到那份美好呢！

睡得踏实。你的卧室在楼上吗？很多人喜欢睡在高处，这可能是因为我们的祖先晚上曾睡在树上，以躲避野兽的攻击。

我感觉自己好古老。

我感觉自己好渺小。

神圣的树。高大、长寿的树木组成的幽静森林让人感觉有灵性。在古代，人们相信一些木制的东西，比如权杖、木棒，拥有魔力。

灵巧的人类。人类的祖先在树上攀爬了8000万年，造就了我们灵巧的双手。原始人类直立行走以后，双手被解放出来，用于制造和使用工具。

看，我的手。

活着的圣像。长寿的树象征着强大的力量和悠久的历史，它们的图案经常被印在纸币和硬币上。这枚硬币上的图案就是一棵古老的刺果松，它位于美国内华达州大盆地国家公园里。

人和树的内在构造相似。我们的动脉和静脉看上去像树的根和枝丫。

3

树是什么样的？

树 和其他的植物一样有根、茎、叶、花和果实。但树长得更加高大，树叶伸入空中。树将健壮的根深深地扎入地下，从土壤中吸收营养，牢固的根基让树高大挺拔。有的树甚至能长到30层楼那么高。如果没有树木，我们的世界将变得多么单调啊。

能量塔。树的绿叶含有叶绿素，它是一种能从阳光中吸收能量的化学物质。树叶透过叶片上的气孔吸收空气中的二氧化碳。叶绿素和二氧化碳及根吸收的水分进行反应产生氧气。

我的理想是长大了变成一本书。

快速生长。小幼苗想变成参天大树，得长出有坚硬木质细胞的树干和枝丫。

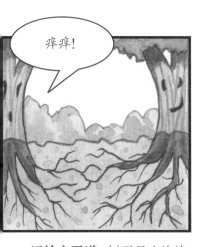

痒痒!

毛茸茸的吸根。 树木粗壮的主根会衍生出很多小的侧根。这些侧根上覆盖着数百万个微小的根毛，每天可以吸收数百升的水。邻近的树甚至可以通过它们的根交换养分和水分。

原来如此！

一棵树只有 1% 到 10% 的细胞是活着的。树的中心称为心材，由死去的管状细胞构成。心材外层是边材，含有活细胞，可以把水分从树根输送到树冠。

心材

边材

运输主干道。 树干是由许许多多排列紧密的管状细胞组成的。一种管状细胞把根吸收的水和养分自下往上输送到树身各处，另一种把叶子制造的糖分自上而下送到根部去。树干可以逐年增粗，不会停止生长，这得归功于树干内部形成层细胞的分裂活动。在美国的华盛顿州，一辆锁在树干上的自行车由于长时间废弃，已与树干融为一体。这辆自行车是在过去 50 年的漫长岁月中慢慢被大树"吞噬"的。

防火。 树干表层的树皮可以保护树身，防止病虫害、冰冻、风暴和火灾的侵害。一种名为道格拉斯冷杉的树皮可以抵御 650℃的高温。

信不信由你。 世界上最高大的树是红杉，它的树叶只有指甲盖那么大。非洲的酒椰棕榈树的叶子可以长到 25 米，跟蓝鲸一样长。

谁需要伞呀?

为什么树是植物界中的老大哥?

你看到人了吗?

还早呢。再等4亿年人类才会出现呢。

要想看看没有树的世界是什么样的,你得穿越到4亿年前。那时候的地球长满了巨大的菌类,有的高达8米。

在植物界个头大有不少好处呢。树可是自然界的"恶霸",它们霸占着阳光,把根深深扎入土壤攫取水分和矿物质。它们为了保护自己免受病虫害的侵犯可是各显神通,比如冬青树长有尖刺的树叶,雪松含有一种独特的抗真菌化学物质,能够防止其腐烂。树木尽管不能移动,但它一次能向四面八方播撒数百万颗种子。地球上的树木多达30亿棵,覆盖了地球1/3的陆地。

花的力量。白蜡树是雌雄异株,这意味着雌花和雄花分别长在不同的树上。风把花粉从雄株传播到雌树上,实现授粉。在春天长出树叶之前,白蜡树会开出紫色的雄花和雌花,它们长在小枝顶端形成尖刺集群。

3. 花团锦簇

2. 新花初放

1. 小芽才露尖尖角

这些可是蜜蜂中的佼佼者呀。

我有"脚"吗?

自然的帮助。树用鲜艳的花朵或甜美的花蜜、果实引诱蜜蜂、鸟儿、蝙蝠甚至长颈鹿为它们传播花粉。在苹果或杏子园里,果农会放养数百万只蜜蜂帮助授粉来提高果树的产量。

橡果，橡果，在哪儿呢？

美味的包裹。果实用果皮包裹着种子，是种子的"保护神"，比如松果、苹果、橡果、樱桃和多刺的栗子都是这种果实。果实是动物的美味"零食"，其中的种子随着动物的粪便被排放出来，在异处萌发出新的植株。松鼠会种树，但这纯属无心之作：入冬前松鼠会采集橡果并埋藏起来，但时间长了松鼠就记不清埋藏地点了，大量的橡果保留在地下，有部分能够发芽。

原来如此！

在原始森林中有一种会行走的棕榈树，它的根不仅仅往土里生长，还可充当"腿"，帮助树"行走"、移动。它们能够在森林的空隙间行走，3 年可以走 2 米远。

飞得远远的漂浮物。悬铃木的种子长着一对薄薄的翅膀，可以像微型直升机一样在空中旋转。

化学战。柑橘树和柠檬树会释放出一种叫柠檬酸的化学物质来抵御甲虫、蝗虫和苍蝇的侵害。在美国的佛罗里达州有一种毒番石榴树会分泌剧毒的汁液，即便只是从这种树的树干上流过的雨水也能腐蚀皮肤。你如果为了躲雨无意中站在毒番石榴树下，皮肤就会起泡、疼痛。

后退。沙盒树的果实成熟时会发生爆炸，其中的种子会以 200 千米 / 小时的速度喷射出来。

呃，这玩意跟馊了似的，好难吃呀。

危 险

大小不同，形状各异

我们已经到达预期高度了么？

没有了灌木和森林，这个世界看起来该是多么单调和枯燥呀。地球上现存的树木种类已经达到6万种，而且在隐秘的热带雨林深处还不断有新的树种被发现。很多树的形状非常独特，容易识别，比如山顶柳树的枝条轻垂，会随风摇曳。但大多数树木可以按照叶形分成阔叶和针叶两大类。阔叶树的叶片宽大扁平，针叶树的叶子细长如针，多数针叶树长有锥形的球果。

科学家们使用各种工具来**研究**那些高大、偏远的树木，如热气球、树顶走道甚至大型起重机。有时候，他们甚至会亲自爬上树一探究竟。

阔叶树如橡树和枫树的叶子叶面宽阔，可以大量吸收太阳光。有些阔叶树在秋天落叶，凋落前叶子会呈现出黄色、橘色、红色等颜色。

常见树的形状

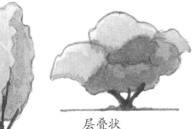

椭圆状
（糖枫）

层叠状
（金合欢树）

花瓶状（榆树）

你也能行！

在市中心，你可以找到枝条被修剪过的树木。顶枝修剪是控制树木高度的方法。

金字塔形
（道格拉斯冷杉）

圆形
（白蜡树）

柱形
（柏树）

粗短形
（山楂树）

低垂状
（垂柳）

宽大状（橡树）

阔叶树无法在寒冷或是干旱的地区生存，但**针叶树**如松树和冷杉的树叶细长如针，它们抗寒、抗旱。大多数针叶树是常绿树木，四季都有落叶。

从沙漠到热带雨林，在世界的很多地方都能发现棕榈树的影子。生长在哥伦比亚金迪奥的蜡棕可以长到 60 米高。

动物的家园

树是动物的家园，砍掉一棵树就像推倒一栋公寓楼。一棵橡树可以养活数百种虫子。这些虫子是鸟类和小型哺乳动物的食物来源。同时，橡树的果实可供几十种动物食用，如野猪、鸽子、鸭子、松鼠、獾和鹿。树木还可以为动物遮阳挡风。在冰天雪地的冻土地带，矮小的树给土拨鼠提供庇护，同时土拨鼠的粪便可以成为树的肥料。在非洲大草原，金合欢树为筑巢的鸟类提供了栖息的场地和树荫。

昆虫把卵产在树皮上，卵孵化时就有现成的食物来源。鹿在树皮上磨角让角更锋利，熊蹭树皮是为了挠痒。

小昆虫爬行部队躲藏在树根里。蚯蚓经常在地下钻洞，它们将外界的落叶拉进土里并消化，使之成为肥沃的土壤。

嗳饮甘泉！

非洲的猴面包树的树干内部像多孔的海绵，可以储存超过 110000 升的水。喀拉哈里沙漠的闪族人用芦苇秸秆从猴面包树里吸取水。

握住不放。树枝和树干可以被一些附生植物攀附生长。

原来如此!

只要树的边材和形成层的细胞还是活的,即使心材烂掉了,整棵树还能存活。用手指敲击中空的树干,声音越响,表示空洞越大。

蜈蚣和其他小型的哺乳动物如鼩鼱,会在树下的落叶和蘑菇中捕食虫子、蜘蛛、苍蝇和其他的小昆虫。

对不起,我一毛不拔。我是小气的"铁公鸡"。

能再分我点椰子吗?

不速之客。在新西兰的莫德岛上,蓝色的小企鹅夜晚会在森林里筑巢。在太平洋的岛屿里,大型的椰子蟹会爬上树,将椰子晃下树摔裂后食用。

具有冒险精神的吃货。在摩洛哥的西南部,有一种山羊特别喜欢吃坚果树上的果子,它们为了一饱口福甚至学会了爬树。

地球之肺

  没有树，我们所知的生命都无法存在。约 4000 平方米的树木一年释放的氧气足够 8 个人呼吸一整年。因此世界上最大的热带雨林亚马孙雨林被誉为"地球之肺"。森林向海洋释放氧气和矿物质，同时像一个天然的热屏蔽装置，给我们的地球降温。森林是地球上超过 80% 的动植物的家园。大约有 3 亿人生活在世界各地的森林里，全球有超过 15 亿人以森林为生。

  热带雨林的生长环境异常炎热和潮湿。雨林中的树木高大茂密，地面几乎黑暗一片，大多数动物都生活在树冠上。在亚马孙河洪水泛滥期，河水会淹没大多数的树木，这时候鱼儿会吃树上的果实，河豚会在树间穿梭。

洪水危险

红树生长在泥土松软淤积、盐分非常高的海边地带，红树能够形成**红树林沼泽**。在红树林沼泽生活着各种各样的动物，比如鳄鱼、螃蟹和以螃蟹为食的猴子。

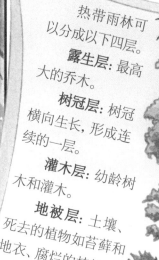

原来如此！

热带雨林可以分成以下四层。

露生层：最高大的乔木。

树冠层：树冠横向生长，形成连续的一层。

灌木层：幼龄树木和灌木。

地被层：土壤、死去的植物如苔藓和地衣、腐烂的植物。

温带森林分布在气候温暖的区域。森林较稀疏，阳光可以直达树林地面，鲜花和苔藓能够在地面上生长。橡树、白蜡树、栗子树等可以为鹿、松鼠、野猪等动物提供安身之处。

北方**针叶林**位于北部的寒带森林。那里冬季漫长寒冷，树木以常绿植物为主，如云杉、冷杉、松树等。常绿的针叶树大多呈金字塔形，积雪可以顺着斜坡滑落，这样树枝不容易被压断。

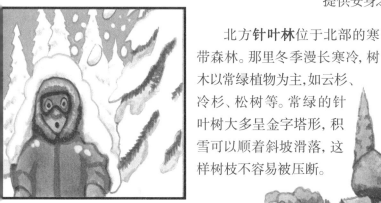

从头再来。一小片森林如果遭到洪水或火灾的毁坏，大约需要60年才能恢复原来的植被类型。受损的森林恢复非常缓慢，所以我们一定要爱护树木。

1. 种子发芽，草本植物开始生长。

2. 衰败的灌木林使得土壤肥沃。

3. 小树的幼苗生长。

4. 高大的阔叶树繁盛。

奇木妙用

几千万年以前，人类就已经开始用天然的木头制造工具。木头便宜、坚固还漂亮，是一种用途广泛的原材料。锯木厂里锯下的木头用来造房子和制作家具。树皮用来提取树脂、树蜡和黏合剂。木屑加入一些化学原料可以煮成纸浆，然后挤压晒干制成纸。

加拿大温哥华岛上的原住民是使用木头的能手，他们用厚厚的雪松木板盖成长型的木制矮屋，将树干刻成小木舟和图腾柱，从树皮中提取纤维编织成衣服。

谁把塞子拔了?

你也能行!

我们每天都在使用以木头为原材料制成的物品,从筷子到杂志都是。在你的房间里找找看,哪些物品是木头制成的?

让我们出发吧! 一万年以来,木头让人们的交通更为便捷。在人类"交通工具"进化史上,从罗马时代的马车,到维京人制造的长品,再到海盗的大帆船,木头都是必不可少的原材料。

我希望有人能快点发明出棉花糖。

橡木的树皮有弹性,可以做成软木塞、鱼标、房顶、蜂巢和公告板。一棵葡萄牙吹哨树的树皮可以加工出 10 万个瓶塞子。

木材是最古老的能源,现在世界上还有很多人使用它取暖和烧饭。

木桩上的城市。意大利的水城威尼斯就是用木桩支撑起来的。1200 多年后的今天,那些木桩依然有力地支撑着整个威尼斯城的中心地带。

信不信由你?

木头可不仅仅是木头。木头由纤维素和木质素组成。木质素位于纤维素的纤维中间,起到黏合纤维素的作用。纤维素可以从木浆中提取出来,用于做火箭的燃料、炸药、指甲油和马桶圈。木质素的用途也很广泛,比如用于制作颜料和肥料,给塑料(早期的胶卷)上色。

木材加工的**副产品**随处可见:在发胶、人工薰衣草香料、人造丝、维生素片、牙膏和洗发水里都能找到踪迹。

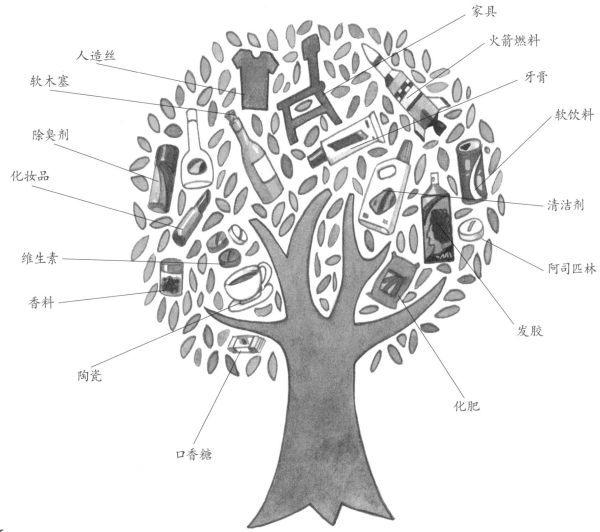

人造丝

软木塞

除臭剂

化妆品

维生素

香料

陶瓷

口香糖

家具

火箭燃料

牙膏

软饮料

清洁剂

阿司匹林

发胶

化肥

用途丰富。除了多种多样的水果和坚果外, 树木还给我们提供如肉豆蔻和桂皮之类的食物香料。树液浓缩成的天然树胶可以用来生产口香糖。晒干的可乐果曾是软饮料的主要原料。一棵枫树一季可以产 100 升的糖浆。

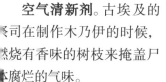

空气清新剂。古埃及的祭司在制作木乃伊的时候, 燃烧有香味的树枝来掩盖尸体腐烂的气味。

重要提示!

医生发现如果从病房的窗户望出去能看到树, 病人会恢复得更快。

浴室里。

·唇膏中加入纤维素, 因而质感细腻、均匀。

·树胶可以用来制造胶布。

·印度人曾经有用尼姆树的树枝清理和美白牙齿的传统。

药物。阿司匹林最早是从柳树的树皮中提取出来的。从南美安第斯山脉中生长的金鸡纳树上可以提取出奎宁 (金鸡纳碱), 它可以用来治疗热带常见的疾病——疟疾。

大自然的时钟

春

自然界中的树能显示四季的更迭。树木跟随四季而变化：春来发满枝，盛夏绿如玉，秋天层林尽染，寒冬繁叶凋零。把树木锯倒以后，观察树墩的截面，你会发现一圈一圈的同心纹环，这就是树的年轮，见证着树年复一年的生长。树一般不会由于衰老而死亡，虫灾、疾病或是被人类砍伐是造成树死亡的主要原因。加利福尼亚的雪松和巨红杉被誉为世界上最古老的树种，已经存活近 5000 年了。

冬

色彩的变化。在秋天，吸收太阳能的叶绿素遭到破坏，绿色退去，叶子中其他物质的颜色如黄、橙、红色就显现出来了。

标记时间。当树被锯倒后，根据年轮的数目，你可以计算出树木的年龄。年轮越宽，说明那一年树木生长得越好。

1969 年　人类首次登月

1879 年　托马斯·爱迪生发明灯泡

1492 年　哥伦布发现美洲新大陆

公元 950 年　欧洲遭受维京海盗的袭击

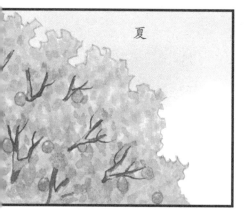

夏

秋

四季。温带森林的阔叶树
木经历四季的轮回:

　·春天:树木抽芽、开花。

　·夏天:花朵凋谢,果实成
熟,枝叶繁茂。

　·秋天:大多数阔叶树开始
落叶,果实成熟。

　·冬天:叶子凋落。

重要提示!

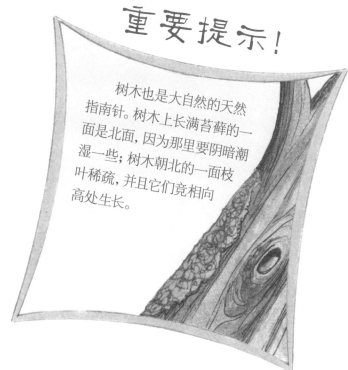

　　树木也是大自然的天然
指南针。树木上长满苔藓的一
面是北面,因为那里要阴暗潮
湿一些;树木朝北的一面枝
叶稀疏,并且它们竟相向
高处生长。

　　旧时光。美国加利福尼亚白山里生长着一些松
树,它们已经有4000多年的历史了。它们生长得特
别缓慢,一年才长不到1/4毫米。

我的年龄? 这是个
秘密。不许数我的年轮。

?　　?

神圣的树

现代社会高楼林立，但高大的树木仍然能够让人赞叹不已。很多宗教相信树木是有灵性的。在印度教中，榕树是克利须那神休息的场所之一，榕树也被佛教徒奉为圣树。很多传统节日和树木有关。比如日本的樱花祭是樱花开放季节的赏花盛会，而圣诞节也少不了圣诞树的装点。

神圣的树。对于古凯尔特人来说，紫衫、冬青、橡树和白蜡树都是神圣的。他们会聚集在树下举行神圣的仪式。冬天，凯尔特人在家中悬挂冬青树的枝条迎接森林的精灵，据说这些精灵在冬青树下躲避寒冷。

树精灵。古希腊人相信，将树砍倒会杀死居住在树里的精灵。在瑞典，树精灵是树和野生动物的保护神。

关于树有很多迷信的说法。拉脱维亚的詹尼节有一个风俗，人们需要在大门和房间里挂上花楸木的树枝，阻止巫婆登堂入室。白杨树的叶子在风中会发颤，如同人生病了一般，过去有人生病后会将自己的头发绑在白杨树上，然后进行祈祷，期望通过这种方式驱除病魔。

原来如此！

为什么敲木头可以带来好运？古时候人们认为树木里面住着精灵，敲木头的声音可以唤醒住在树里的小精灵，从而让人得到神助。这个传统一直延续至今。

五朔节。欧洲一个非常古老的节日。为了迎接夏季的到来，人们树起高高的"五月柱"，上面饰以绿叶，象征生命与丰收。男女老少围着"五月柱"翩翩起舞。

圣诞树。在 16 世纪的德国，人们用姜饼把松树装饰起来庆祝圣诞节。19 世纪英国的夏洛特女王在温莎城堡里装饰了圣诞树，后来圣诞树逐步在英国和美国流行起来。

"小心橡树，易遭雷劈！" 维京人把橡树和雷神联系起来。可能是因为橡树比其他树高，容易遭受雷击。

遭受攻击的树

每年都有大片的森林遭到火灾、害虫、疾病、极端天气和食草动物的破坏。同时人类也在以惊人的速度毁坏森林。大约 8000 年前，地球有一半的陆地被森林覆盖。如今全球的森林减少了一半以上。今天，平均每 2 秒钟就有一个足球场大小的森林消失，被砍伐或焚烧，造田、建房和无序采矿是造成森林急剧减少的主要原因。

热带雨林被过度砍伐，很多动物因失去家园而大量死亡。动物即使找到到其他的栖息地幸存下来，也难以与当地的物种竞争。

干旱。树木可以影响天气。雨水落在树林里，会重新蒸发到空气中，成云致雨。如果大片的树木被砍伐，雨水无法循环至空中形成云朵。土地将变得干旱，庄稼将很难生长。

致命的疾病。荷兰榆树病是一种致死性榆树真菌病，曾造成欧洲和美国大量榆树病死。气温升高，造成甲虫瘟疫，树皮甲虫能够使荷兰榆树真菌在树与树之间传播。

原来如此！

每年有价值数百万英镑的树木被非法砍伐，护林人员利用 DNA 技术追踪非法木材。

这种伞菌正扩散生长。

嗯，它是一种真菌！

全球变暖。砍伐树木会加剧全球气候变暖。树可以吸收二氧化碳，二氧化碳是一种吸收太阳热量，使地球表面变得更暖的温室气体。如果没有大片的森林，我们的地球就会炎热无比。

物种灭绝。地球上的动植物大约有70%生活在森林中。森林消失，很多物种将失去它们赖以生存的家园。没有树，水土就会流失，土地变得贫瘠，庄稼难以生长。

树的未来

候变化已经开始改变地球上的生命。全球气温升高，海平面上升，到 2050 年地球物种的 1/4 可能会灭绝。要想阻止这场灾难，最好的方法之一就是保护森林。种植树木对人类的好处数不胜数：树的根可以抓紧泥土，防止土壤流失，树叶可以为庄稼遮挡阳光，树还可以为人类提供木柴、水果、坚果。没有树，我们无法生存。让我们在校园和花园里亲手种上一棵树吧！树的未来甚至整个地球的未来都掌握在我们的手中。

树可以**释放**氧气，给地球降温，净化水质。树根可以防止水土流失，树叶可以过滤汽车和工厂排放的烟雾和灰尘。如果有一天地球上的树消失了，我们的家园很快会变成一个污染严重、贫瘠荒芜的不毛之地。

小树苗，快长大！

长寿冠军。科学家们克隆了一些世界上最古老最高大的树木,研究它们长寿的秘诀。然后他们将克隆的树苗种植在温度低的地区,帮助它们在全球变暖的气候危机中生存下来。

让我们来种树吧。种树可以解决很多滥砍滥伐造成的环境问题。在菲律宾,人们种植红树林来保护海岸,抵御海啸和台风的侵袭。

"DIY"森林。30 多年前,一位名叫沛廷的印度少年独自开始在一片沙洲上种植树苗。经过他多年的努力,当年干涸的沙洲已经成为一片茂盛的森林。沛廷居住在自己建造的森林里,老虎、大象以及其他野生动物都在森林里找到安身之地。

> 植树节快乐!

植树节。植树节的英文名是"Arbor Day"。"Arbor"来自拉丁文,是树的意思。全世界很多国家都庆祝植树节,鼓励人们植树、爱树。

术语表

Atmosphere **大气层** 包裹着地球的一层厚厚的空气。

Broadleaf **阔叶树** 具有扁平、宽阔叶片的树木，一般为落叶木。

Bud **芽** 植物上的一个小鼓包，可以发育成叶或花。

Cambium **形成层** 位于树干内部的组织，由于形成层的活动，树干可以逐年增粗。

Cell **细胞** 生物体基本的结构和功能单位。

Cellulose **纤维素** 植物细胞壁的主要结构成分。棉花的纤维素含量接近100%。

Chlorophyll **叶绿素** 叶绿素是一类与光合作用有关的重要色素，存在于生物体中。叶绿素从可见光中吸收能量，然后能量被用来将二氧化碳转化为糖分和氧气。

Cloning **克隆** 复制与原个体完全相同的个体或种群。

Conifer **针叶树** 针叶树的树叶细长如针，多为常绿树，果实为球果。

Deciduous Tree **落叶树木** 秋天落叶的树木。

Deforestation **砍伐森林** 砍伐森林用于农业耕作、矿产开采、建筑使用。

Dexterous **灵敏的** 双手灵巧。

Drought **旱灾** 长期干旱。

Epiphyte **附生植物** 攀附在其他植物之上的植物。

Evergreen **常绿** 一年四季中随时都有绿色叶片的植物。

Fungi **真菌** 蘑菇、苔藓、酵母之类的生物。

Heartwood **心材** 树干中心材质坚硬的部分。

Lignin **木质素** 木头中使木质坚硬的物质。

Limonoid　柠檬酸　柠檬、柑橘等水果中含有的一种气味浓烈的物质。

Mangrove　红树　生长在泥土松软淤积并且盐分非常高的海边地带的一种树木。

Nectar　花蜜　植物的花分泌的液体，味甜，能吸引蜜蜂或鸟类为植物收集、传播花粉。

Pollarding　顶枝修剪　对顶部的树干和树枝进行修剪来控制树木的高度。

Pollination　授粉　依靠风力或以昆虫为媒介将花粉传播到同类植物的其他花朵上，授粉是植物结成果实必经的过程。

Pollution　污染　引起居住环境中空气、水或地面不干净的物质，比如有毒的化学物质。

Predators　掠食者　捕食其他动物的动物。

Resin　树脂　植物分泌的黄色或棕色的黏液，可以作为塑料制品的加工原料。

Sapling　树苗　树木的幼苗。

Sapwood　边材　位于坚硬的内层心材和外层树皮之间，是新生木质部的柔软层。

Seedling　幼苗　种子发芽后处于生长初期的幼小植物体。

Sustainable　可持续性的　能够长久或永久维持的过程或者状态；可持续林业是指种植新树木来代替那些已经被砍伐的树木。

Taiga　针叶林　北方地区针叶树组成的森林。

Temperate　温带　冷热适宜的气候区域。

Toxic　有毒的　对生物健康造成损害的性质，通常是指物质的特性。

故事和传说中的树

　　森林一直被认为是神秘、危险、阴森可怕的，等待着勇士们去征服。在流传数千年的故事和传说中，森林可是一个重要的角色。

　　● 白雪公主和小矮人们住在森林里，躲避女巫王后的追捕。

　　● 格林童话《汉塞尔和格雷特尔》中，两位小主人公在森林里迷了路，看到了姜饼小屋，后被引诱到女巫那里。

　　● 小红帽带着一篮食物去看望生病的外婆，在森林里遇到了一只大灰狼。

　　● 在《美女与野兽》的故事里，贝拉的爸爸在森林中遭遇了暴风雪，不小心闯入一座神秘的城堡，城堡中住着一个可怕的野兽。

　　● 《吉尔伽美什史诗》有4000年历史，是目前已知最古老的英雄史诗。主角吉尔伽美什和他的朋友恩奇都打败了传说中守护神圣杉树林的怪兽。

　　● 在维京人的传说中，米尔克维德是一座充满危险的黑暗森林，连诸神和英雄们都很难穿越。

最特别的树

美国犹他州有一棵名为"颤抖的巨人"的颤杨，是世界上最古老、最大的有机生物之一。其树龄在8万年以上，占地0.5平方千米，重达6615吨。它看起来是一片森林，从某种意义上说却是一棵树。它拥有一个巨大的地下根系，这个群体内的47000棵树都是从这单一的根系上长出的茎。

世界上最高的树是一棵名为"亥伯龙"的海岸红杉，生长于美国加利福尼亚州的红杉国家公园。其高度达到惊人的116米，是美国自由女神像的两倍高度。

世界上体积最大的单体树木是"雪曼将军"树，它位于美国加利福尼亚州的红杉国家公园内，体积约为1487立方米。

世界上最粗的树是生长于墨西哥瓦哈卡的一棵蒙特苏马柏树，树干的周长有36米，相当于10辆家庭小轿车首尾相连的长度。

印度加尔各答有一棵巨大的榕树。它的树冠有一个足球场那么大。这棵榕树不仅枝叶茂密，而且能由树枝向下生根，直达地面，扎入土中。它的气根多达3511个，从远处望去，像是一片树林。

你知道吗?

在斯里兰卡的千年古城阿努拉达普拉,有一株神圣的大菩提树。公元前288年它被栽种。它从印度来到斯里兰卡,经过2000多年的繁衍后,依然枝繁叶茂。这棵树成为人类历史上有记载种植时间的最古老的种植树。

银杏是一种与恐龙同时代的生物。化石显示,在1亿7000万年前的侏罗纪时期,与银杏类似的树就已经在地球上出现了。

在哥斯达黎加雨林里,科学家们在一棵古老木棉树上发现了超过4000种动物,包括青蛙、鸟类和蝙蝠。

位于美国佛罗里达州的毒番石榴树也许是世界上最毒的树木。水从这种树的树叶上流过就有毒性。毒番石榴的果实看起来像个小苹果,吃一个就足以致命,因此又被称为"死亡小苹果"。

龙血树得名于它深红色的汁液。龙血树的树汁可以用来做染料,或者作为小提琴用的清漆。

每年被掉下来的椰子砸死的人数约为150人。椰子从25米高的树上坠落,到达地面时,速度可以达到80千米/小时。

新西兰的斜坡角位于岛的最南端,这里的树木因常年接受来自南极的强风的洗礼,都朝向北面生长,一棵棵凌乱而狂野。

致　谢

　　"身边的科学真好玩"系列丛书在制作阶段,众多小朋友和家长集思广益,奉献了受广大读者欢迎的书名。在此,特别感谢妞宝、高启智、刘炅、小惜、王佳腾、萌萌、瀚瀚、阳阳、陈好、王梓博、刘睿宸、李若瑶、丁秋霖、文文、佐佐、任千羽、任则宇、壮壮、毛毛、豆豆、王基烨、张亦尧、王逍童、李易恒等小朋友。

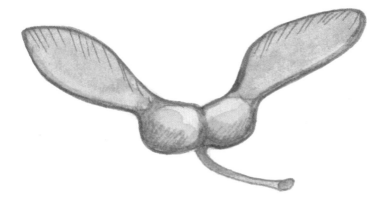